まとめ

波の要素

山…波形の最も高いところ

谷…波形の最も低いところ

振幅 A[m]…振動の中心からの山の高さ（谷の深さ）

波長 λ[m]…隣りあう山と山（谷と谷）の間隔

周期 T[s]…媒質が1回の振動に要する時間

振動数 f[Hz]…1秒間あたりの振動の回数

振動数と波の速さ

波の速さ v[m/s]，波長 λ[m]，周期 T[s]，振動数 f[Hz]の間には，次のような関係が成り立つ。

$$f=\frac{1}{T} \qquad v=\frac{\lambda}{T}=f\lambda$$

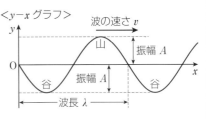

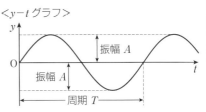

---

1 **波の要素**　次の x 軸上を進む正弦波について，振幅 A[m]，波長 λ[m]はそれぞれいくらか。

(1)

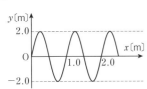

振幅 A：＿＿＿＿＿＿

波長 λ：＿＿＿＿＿＿

(2)

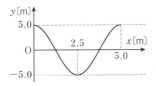

振幅 A：＿＿＿＿＿＿

波長 λ：＿＿＿＿＿＿

(3)

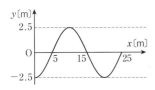

振幅 A：＿＿＿＿＿＿

波長 λ：＿＿＿＿＿＿

(4)

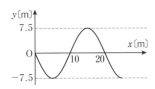

振幅 A：＿＿＿＿＿＿

波長 λ：＿＿＿＿＿＿

---

2 **波の要素**　次の y–t グラフの振幅 A[m]，周期 T[s]，振動数 f[Hz]はそれぞれいくらか。

(1)

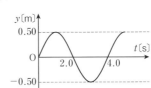

振幅 A：＿＿＿＿＿＿

周期 T：＿＿＿＿＿＿

振動数 f：＿＿＿＿＿＿

JN109134

(2)

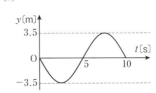

振幅 A：＿＿＿＿＿＿

周期 T：＿＿＿＿＿＿

振動数 f：＿＿＿＿＿＿

(3)

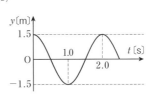

振幅 A：＿＿＿＿＿＿

周期 T：＿＿＿＿＿＿

振動数 f：＿＿＿＿＿＿

まとめ

波の進むようすと y–x グラフ

波形は時間の経過とともに平行移動する。

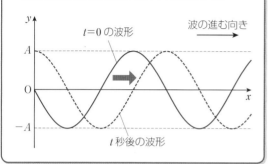

（1） $t=1.0\,$s

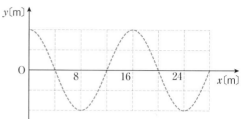

1 波の進むようす y–x グラフについて，次の各問に答えよ。

例題

図の破線は，$t=0\,$s における連続した正弦波の波形を表しており，この波の速さは $5.0\,$m/s である。$t=1.0\,$s の波形を実線で描け。

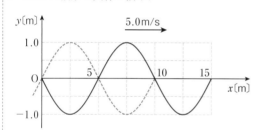

解 $1.0\,$s の間に，この波形は $5.0×1.0=5.0\,$m だけ進む。この分だけ波形を波の進む向きに平行移動させればよい。

図は，$t=0\,$s における連続した正弦波の波形を表しており，この波の速さは $4.0\,$m/s である。次の時刻における波形をそれぞれ実線で描け。

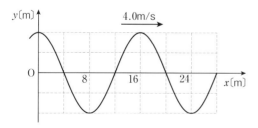

（2） $t=2.0\,$s

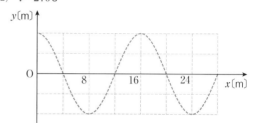

（3） $t=3.0\,$s

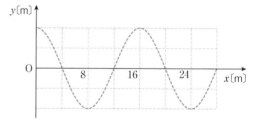

（4） $t=4.0\,$s

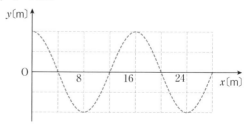

2 波の進むようす　次の連続した正弦波について，次の各問に答えよ。

(1) 図の波は，周期が 20 s の波である。

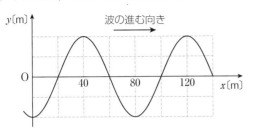

(a) 波の速さは何 m/s か。

(b) 5.0 s 後の波形を描け。

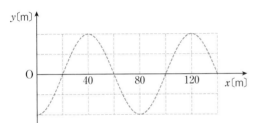

(2) 図の波は，周期が 6.0 s の波である。

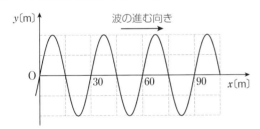

(a) 波の速さは何 m/s か。

(b) 3.0 s 後の波形を描け。

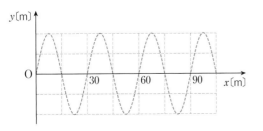

(3) 図の波は，振動数が 0.30 Hz の波である。

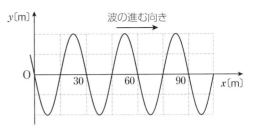

(a) 波の速さは何 m/s か。

(b) 5.0 s 後の波形を描け。

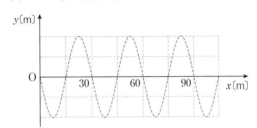

(4) 図の波は，振動数が 0.25 Hz の波である。

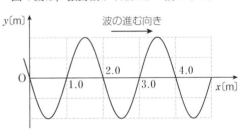

(a) 波の速さは何 m/s か。

(b) 4.0 s 後の波形を描け。

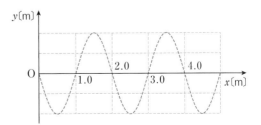

まとめ

y-t グラフの描き方

y-x グラフの，$x=0$ m の媒質について，y-t グラフを描くには，次のようにするとよい。

① 波の振幅，周期を求める。

② $x=0$ m の媒質の動く向きを調べる。

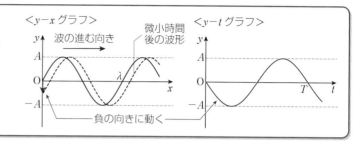

---

1 媒質の振動 次の各問に答えよ。

例題

図は，周期 4.0 s で x 軸の正の向きに進む正弦波の時刻 $t=0$ s における波形である。点 A の媒質の変位 y[m] と t[s] との関係を表す y-t グラフを，1 周期分だけ描け。

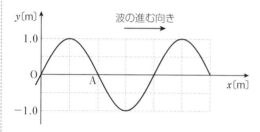

解 微小時間後の波形を描くと，点 A の媒質が，振動の中心から y 軸の正の向きへ動くことがわかる。

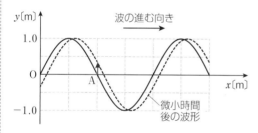

周期が 4.0 s，振幅が 1.0 m であるから，y-t グラフは次のように表される。

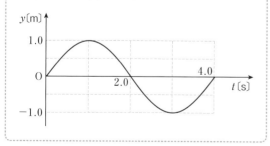

図は，周期 8.0 s で x 軸の正の向きに進む正弦波の時刻 $t=0$ s における波形である。

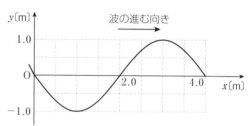

(1) $t=1.0$ s における波形を描け。

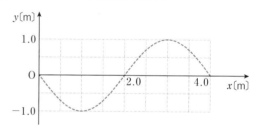

(2) $t=2.0$ s における波形を描け。

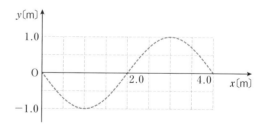

(3) 原点 O の媒質の変位 y[m] と t[s] との関係を表す y-t グラフを，1 周期分だけ描け。

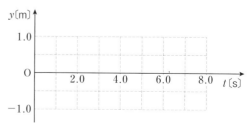

2 媒質の振動 次の各問に答えよ。ただし，
y-t グラフは1周期分だけ描くものとする。

(1) 図は，周期 4.0 s で x 軸の正の向きに進む正弦波
の時刻 $t=0$ s における波形である。点 A の媒質の
変位 y[m] と t[s] との関係を表す y-t グラフを描け。

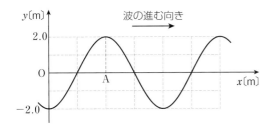

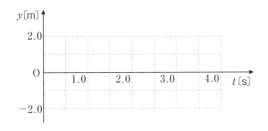

(2) 図は，周期 6.0 s で x 軸の正の向きに進む正弦波
の時刻 $t=0$ s における波形である。点 A の媒質の
変位 y[m] と t[s] との関係を表す y-t グラフを描け。

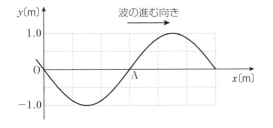

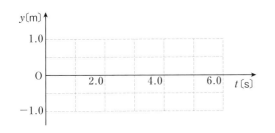

3 媒質の振動 次の各問に答えよ。ただし，
y-t グラフは1周期分だけ描くものとする。

(1) 図は，速さ 1.0 m/s で x 軸の正の向きに進む正弦
波の時刻 $t=0$ s における波形である。

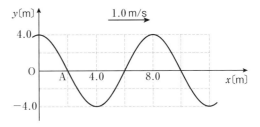

(a) この波の周期は何 s か。

(b) 点 A の媒質の変位 y[m] と t[s] との関係を表す
y-t グラフを描け。

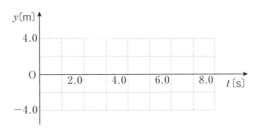

(2) 図は，速さ 2.0 m/s で x 軸の正の向きに進む正弦
波の時刻 $t=0$ s における波形である。

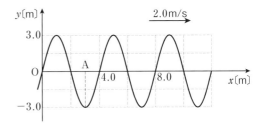

(a) この波の周期は何 s か。

(b) 点 A の媒質の変位 y[m] と t[s] との関係を表す
y-t グラフを描け。

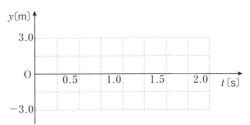

横波

各媒質の振動の速度は，図のようになる。

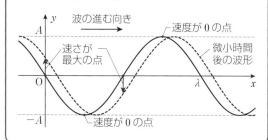

位相

ある位置の媒質が，1周期の中でどのような振動状態(媒質の変位や速度)にあるのかを表す量。

媒質の振動状態が互いに同じである場合，**同位相**であるといい，互いに逆である場合，**逆位相**であるという。

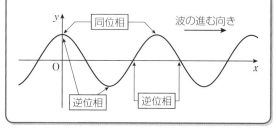

1 **横波の性質**　各波形について，次の媒質の点を，図のO～Dの中からすべて選べ。

(1)

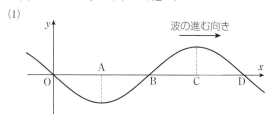

(a)　振動の速度が y 軸の正の向きに最大の点

_____

(b)　振動の速度が y 軸の負の向きに最大の点

_____

(c)　振動の速度が 0 の点

_____

(2)

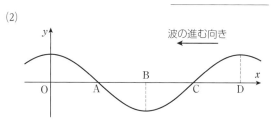

(a)　振動の速度が y 軸の正の向きに最大の点

_____

(b)　振動の速度が y 軸の負の向きに最大の点

_____

(c)　振動の速度が 0 の点

_____

2 **同位相と逆位相**　各波形について，次の媒質の点を，図のO～Hの中からすべて選べ。

(1)

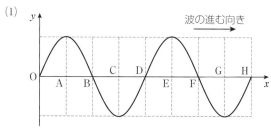

(a)　点 A と同位相の点

_____

(b)　点 A と逆位相の点

_____

(2)

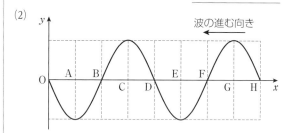

(a)　点 B と同位相の点

_____

(b)　点 B と逆位相の点

_____

縦波

　媒質の振動方向が，波の進行方向に平行な波。

　縦波は，媒質の x 軸方向の変位を y 軸方向に回転させることで，横波のように表示することができる。

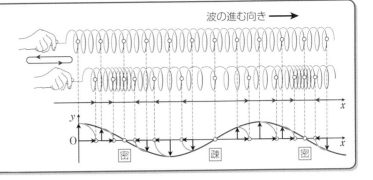

3 **縦波の横波表示**　図1のように，A～G の媒質が等間隔で並んでいる。縦波が x 軸の正の向きに伝わり，ある時刻に図2のようになった。次の各問に答えよ。

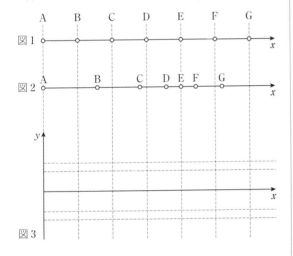

(1) 図2の時刻における，A～G のそれぞれの変位を，図2に矢印で示せ。

(2) 図2の縦波を，図3に横波のように表せ。

(3) 図2の時刻において，最も密な点を A～G の中から選べ。

(4) 図2の時刻において，最も疎な点を A～G の中から選べ。

4 **縦波の性質**　図は，x 軸を正の向きに進む縦波のある瞬間のようすを，横波のように表したものである。次の媒質の各点を，それぞれ O～E の中からすべて選べ。

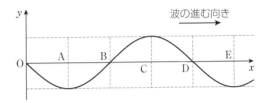

(1) 最も密な点

(2) 最も疎な点

(3) 媒質の速度が0の点

(4) 媒質の速度が右向きに最大の点

(5) 媒質の速度が左向きに最大の点

> ## まとめ
>
> ### 波の重ねあわせ
>
> 　2つの波が重なりあっているときの媒質の変位 y は，2つの波の変位 y_A と y_B の和になる。
>
> $$y = y_A + y_B$$
>
> これを**重ねあわせの原理**といい，重なりあってできる波を**合成波**という。また，重なりあった2つの波は，通り過ぎた後，互いの影響を受けることなく進行する。このような性質を**波の独立性**という。

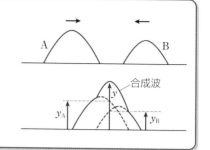

1 波の重ねあわせ　次の2つのパルス波の合成波を描け。

(1)

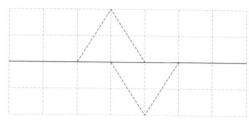

(2)

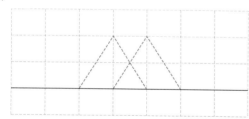

(3)

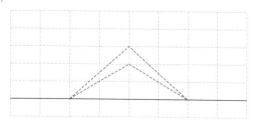

2 進行波と合成波　互いに逆向きに進んでいる2つのパルス波について，図の状態から，1.0秒後，2.0秒後，3.0秒後における合成波を描け。

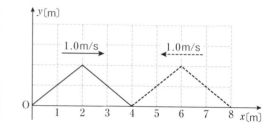

(1)　1.0秒後

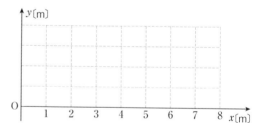

(2)　2.0秒後

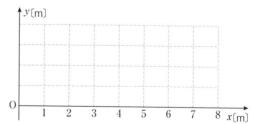

(3)　3.0秒後

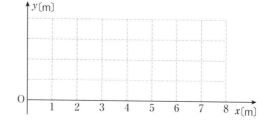

定常波

波長と振幅がそれぞれ等しい正弦波が x 軸上を互いに同じ速さで逆向きに進み，重なりあうと，どちらへも進まないように見える波が生じる。この波を**定常波**という。

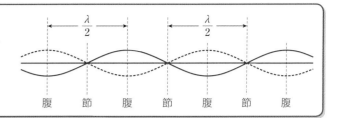

3 定常波の作図 振幅と波長がそれぞれ等しい連続した正弦波が，x 軸上を互いに逆向きに速さ 3.5 m/s で進んでいる。図では，それぞれの波の先端の部分だけが示されている。

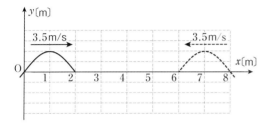

(1) 2.0 秒後のそれぞれの進行波の波形を描け。

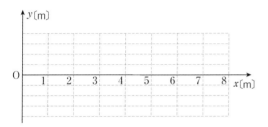

(2) 2.0 秒後の合成波を描け。

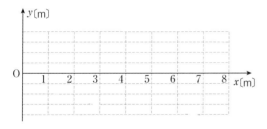

(3) 定常波の腹と節の位置を，$0 \leqq x \leqq 8.0$ m の範囲ですべて答えよ。

腹：　　　　　　　節：

4 定常波 同じ速さで互いに逆向きに進む，2つの連続した正弦波によって生じる定常波について，次の各問に答えよ。

(1)

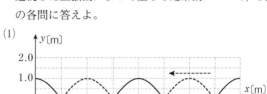

(a) 節の位置を，$0 \leqq x \leqq 4.0$ m の範囲ですべて答えよ。

(b) 腹の振幅は何 m か。

(2)

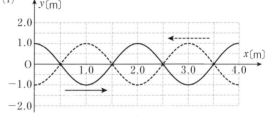

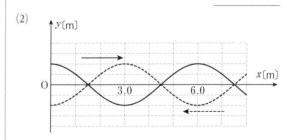

(a) 腹の位置を，$0 \leqq x \leqq 8.0$ m の範囲ですべて答えよ。

(b) 隣りあう腹と腹の間隔は何 m か。

まとめ

波の反射

自由端反射 端の媒質が自由に動くことができる場合の反射。

〈反射波と合成波の作図〉

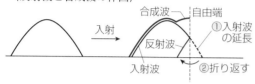

合成波 自由端
入射
反射波 ①入射波の延長
入射波 ②折り返す

固定端反射 端の媒質が固定された場合の反射。

〈反射波と合成波の作図〉

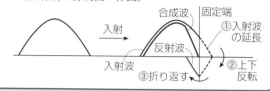

合成波 固定端
入射
反射波 ①入射波の延長
入射波 ②上下反転
③折り返す

1 パルス波の自由端反射 図のようなパルス波が，自由端 P で反射する。図の状態から 1.0 s 後，2.0 s 後，3.0 s 後のそれぞれの場合について，反射波を破線で，合成波を実線で描け。

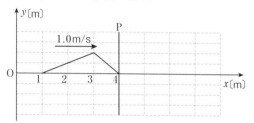

(1) 1.0 s 後

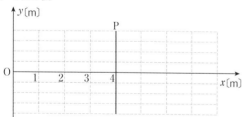

(2) 2.0 s 後

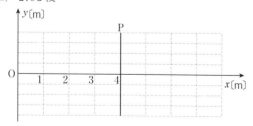

(3) 3.0 s 後

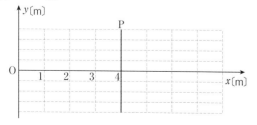

2 パルス波の固定端反射 図のようなパルス波が固定端 P で反射する。図の状態から 1.0 s 後，2.0 s 後，3.0 s 後のそれぞれの場合について，反射波を破線で，合成波を実線で描け。

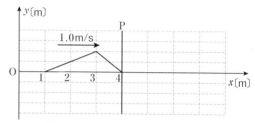

(1) 1.0 s 後

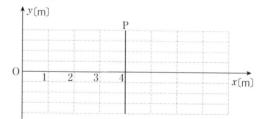

(2) 2.0 s 後

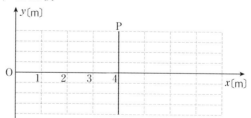

(3) 3.0 s 後

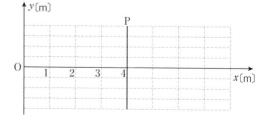

3 **連続波の自由端反射**　連続した正弦波が，自由端 P に入射し続けている。図は，入射波のみを示したものである。図の状態における反射波を破線で，合成波を実線で描け。

(1)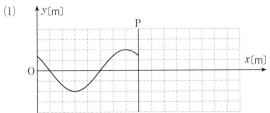

(2)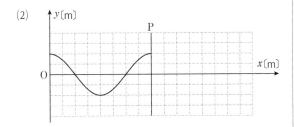

(3)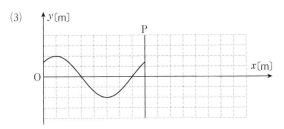

(4)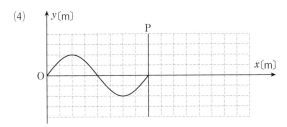

(5)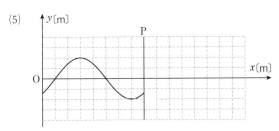

(6)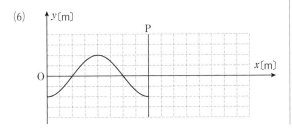

4 **連続波の固定端反射**　連続した正弦波が，固定端 P に入射し続けている。図は，入射波のみを示したものである。図の状態における反射波を破線で，合成波を実線で描け。

(1)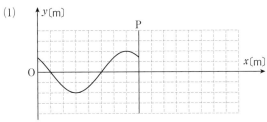

(2)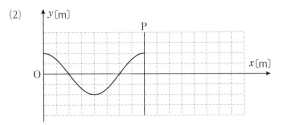

(3)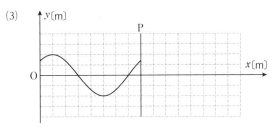

(4)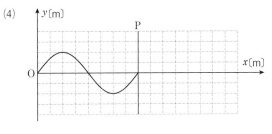

(5)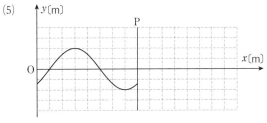

(6)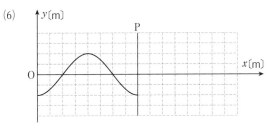

まとめ

うなり

振動数が少しだけ異なる2つの音波が重なりあうと，音の大小が周期的に生じる。これを**うなり**という。振動数 f_1[Hz]，f_2[Hz] の2つの音波で，1秒間に生じるうなりの回数 f は，次のようになる。

$$f=|f_1-f_2|$$

1 **うなり** おんさ A と B を同時に鳴らす。次の各問に答えよ。

例題

2つのおんさの振動数が 440 Hz と 446 Hz であるとき，1秒間あたりに生じるうなりは何回か。

解 「$f=|f_1-f_2|$」から，

　　$|440-446|=6$ 回

(1) 2つのおんさの振動数が 394 Hz と 400 Hz であるとき，1秒間あたりに生じるうなりは何回か。

_____

(2) A の振動数が 443 Hz であるとき，うなりが1秒間あたり2回聞こえた。B の振動数は何 Hz か。ただし，A の振動数は B よりも大きいとする。

_____

(3) おんさの振動数はどちらも 443 Hz であった。B におもりをつけて，おんさを鳴らしたところ，うなりが1秒間あたり4回聞こえた。おもりをつけたときの B の振動数は何 Hz か。

_____

まとめ

弦の固有振動

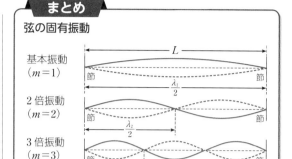

$$f_m=\frac{v}{\lambda_m}=\frac{m}{2L}v \quad (m=1, 2, 3, \cdots)$$

$$\lambda_m=\frac{2L}{m} \quad (m=1, 2, 3, \cdots)$$

(v:弦を伝わる波の速さ)

2 **弦の固有振動** 図は，長さ 0.60 m の両端を固定した弦を表している。次の場合の定常波を図示せよ。また，波の速さを 60 m/s として，そのときの弦を伝わる波の波長と，固有振動数をそれぞれ求めよ。

(1) 基本振動

波長：_____，振動数：_____

(2) 2倍振動

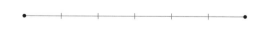

波長：_____，振動数：_____

(3) 3倍振動

波長：_____，振動数：_____

❸ 弦の固有振動 図のように，両端を固定した弦を振動させたところ，定常波が生じた。それぞれの波長と波の速さを求めよ。

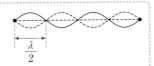
(1) 弦の長さ 0.50m，振動数 2.0×10^2 Hz

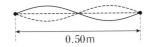

0.50m

波長：＿＿＿＿＿＿＿，速さ：＿＿＿＿＿＿＿

(2) 弦の長さ 0.60m，振動数 5.0×10^2 Hz

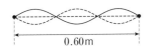

0.60m

波長：＿＿＿＿＿＿＿，速さ：＿＿＿＿＿＿＿

(3) 弦の長さ 0.75m，振動数 4.0×10^2 Hz

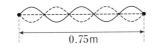

0.75m

波長：＿＿＿＿＿＿＿，速さ：＿＿＿＿＿＿＿

❹ 弦の固有振動 次の各問に答えよ。

(1) 振動数 2.5×10^2 Hz で弦を振動させたところ，腹の数が2個の定常波が生じた。弦を伝わる波の速さを 4.0×10^2 m/s とする。

　(a) 弦の長さは何mか。

＿＿＿＿＿＿＿＿＿

　(b) 同じ弦を用いて，腹の数が4個の定常波を生じさせるには，振動数を何Hzにすればよいか。ただし，弦を伝わる波の速さは変わらないものとする。

＿＿＿＿＿＿＿＿＿

(2) 振動数 3.0×10^2 Hz で弦を振動させたところ，腹の数が3個の定常波が生じた。弦を伝わる波の速さを 1.2×10^2 m/s とする。

　(a) 弦の長さは何mか。

＿＿＿＿＿＿＿＿＿

　(b) 同じ弦を用いて，腹の数が2個の定常波を生じさせるには，振動数を何Hzにすればよいか。ただし，弦を伝わる波の速さは変わらないものとする。

＿＿＿＿＿＿＿＿＿

まとめ

気柱の振動

閉管や開管における気柱の振動では，閉口端(固定端)が節，開口端(自由端)が腹となる定常波が生じる。

閉管

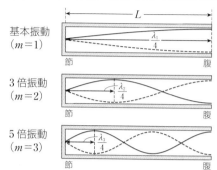

基本振動 ($m=1$)　節　腹　$\dfrac{\lambda_1}{4}$

3倍振動 ($m=2$)　節　腹　$\dfrac{\lambda_2}{4}$

5倍振動 ($m=3$)　節　腹　$\dfrac{\lambda_3}{4}$

開管

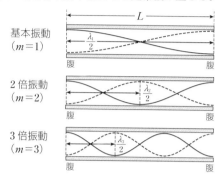

基本振動 ($m=1$)　腹　腹　$\dfrac{\lambda_1}{2}$

2倍振動 ($m=2$)　腹　腹　$\dfrac{\lambda_2}{2}$

3倍振動 ($m=3$)　腹　腹　$\dfrac{\lambda_3}{2}$

$$f_m = \frac{V}{\lambda_m} = \frac{2m-1}{4L} V \quad (m=1, 2, 3, \cdots) \quad (V:音速)$$

$$\lambda_m = \frac{4L}{2m-1} \quad (m=1, 2, 3, \cdots)$$

$$f_m = \frac{V}{\lambda_m} = \frac{m}{2L} V \quad (m=1, 2, 3, \cdots)$$

$$\lambda_m = \frac{2L}{m} \quad (m=1, 2, 3, \cdots)$$

※以下の問題では，音の速さを 3.4×10^2 m/s とし，■1〜■3では，管口と定常波の腹の位置は，一致するものとする。

■1 閉管　長さ 0.30 m の閉管内の気柱に，基本振動，3倍振動，5倍振動がそれぞれ生じている。管内に生じる定常波を描き，波長と固有振動数を求めよ。

(1) 基本振動

波長：＿＿＿＿＿，振動数：＿＿＿＿＿

(2) 3倍振動

波長：＿＿＿＿＿，振動数：＿＿＿＿＿

(3) 5倍振動

波長：＿＿＿＿＿，振動数：＿＿＿＿＿

■2 開管　長さ 0.30 m の開管内の気柱に，基本振動，2倍振動，3倍振動がそれぞれ生じている。管内に生じる定常波を描き，波長と固有振動数を求めよ。

(1) 基本振動

波長：＿＿＿＿＿，振動数：＿＿＿＿＿

(2) 2倍振動

波長：＿＿＿＿＿，振動数：＿＿＿＿＿

(3) 3倍振動

波長：＿＿＿＿＿，振動数：＿＿＿＿＿

3 **気柱の振動** 次の各問に答えよ。

(1) ある閉管に基本振動が生じているとき，この気柱から出ている音の振動数が $1.7×10^2$ Hz であった。定常波の波長と管の長さはそれぞれ何 m か。

波長：＿＿＿＿＿＿＿ ，長さ：＿＿＿＿＿＿＿

(2) ある開管に 4 倍振動が生じているとき，この気柱から出ている音の振動数が $3.4×10^2$ Hz であった。定常波の波長と管の長さはそれぞれ何 m か。

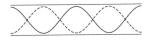

波長：＿＿＿＿＿＿＿ ，長さ：＿＿＿＿＿＿＿

4 **開口端補正** 気柱の振動において，開口端にできる定常波の腹は，実際には管の端よりも少し外側にある。管の端から実際にできる腹の位置までの距離を開口端補正という。開口端補正を考慮して，次の各問に答えよ。

(1) 図のように，管口付近にスピーカーを置き，ある振動数の音を出し続けた。ピストンをゆっくりと移動させたところ，ピストンが管口から 0.12m の位置にきたときにはじめて共鳴がおこり，0.44m で 2 回目の共鳴がおこった。気柱内に生じている定常波の波長は何 m か。また，スピーカーから出ている音の振動数は何 Hz か。

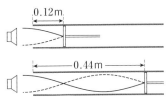

波長：＿＿＿＿＿＿＿ ，振動数：＿＿＿＿＿＿＿

(2) 図のように，管口付近にスピーカーを置き，ある振動数の音を出し続けた。ピストンをゆっくりと移動させたところ，ピストンが管口から 0.28m の位置にきたときにはじめて共鳴がおこり，0.98m で 2 回目の共鳴がおこった。気柱内に生じている定常波の波長は何 m か。また，スピーカーから出ている音の振動数は何 Hz か。

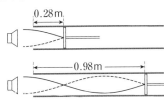

波長：＿＿＿＿＿＿＿ ，振動数：＿＿＿＿＿＿＿

まとめ

導体中を流れる電流

電流の大きさは，導体の断面を単位時間に通過する電気量の大きさであり，向きは正電荷が移動する向きと定められている。

導線　電流 I

時間 t の間に
電荷 q が通過

$$I = \frac{q}{t}$$

$$\left(電流[A] = \frac{電気量の大きさ[C]}{時間[s]} \right)$$

オームの法則

電流は電圧に比例し，抵抗に反比例する。電流を $I[A]$，電圧を $V[V]$，抵抗を $R[\Omega]$ とすると，次のように表される。

電流 I　抵抗 R

電圧 V

$$I = \frac{V}{R}　または　V = RI$$

---

1 電荷と電流　次の各問に答えよ。

例題

導線のある断面を，3.0s 間で 6.0C の電気量が通過した。このときの電流の大きさは何 A か。

解「$I = \dfrac{q}{t}$」から，$q = 6.0$C，$t = 3.0$s であり，

$$I = \frac{q}{t} = \frac{6.0}{3.0} = 2.0 \text{A}$$

(1) 導線のある断面を，25s 間で 5.0C の電気量が通過した。このときの電流の大きさは何 A か。

(2) 1.2A の電流が 2.0s 間流れたとき，導線のある断面を通過した電気量は何 C か。

(3) 導線に 1.5A の電流が流れている。導線のある断面を 3.0C の電気量が通過するには，何 s かかるか。

2 オームの法則　次の各問に答えよ。

例題

5.0Ω の抵抗に，10V の電圧を加えると，何 A の電流が流れるか。

解「$I = \dfrac{V}{R}$」から，$R = 5.0$Ω，$V = 10$V であり，

$$I = \frac{V}{R} = \frac{10}{5.0} = 2.0 \text{A}$$

(1) 4.0Ω の抵抗に，6.0V の電圧を加えると，何 A の電流が流れるか。

(2) 3.0Ω の抵抗に，2.0A の電流が流れているとき，抵抗に加わっている電圧は何 V か。

(3) 8.0V の電圧を加えると，4.0A の電流が流れる電熱線の抵抗は何 Ω か。

3 **オームの法則**　次の各問に答えよ。

(1)　3.0 V の電圧を加えると，1.5 A の電流が流れる電熱線の抵抗は何Ωか。また，この電熱線に 4.0 A の電流を流すには，何 V の電圧を加えればよいか。

　　　　抵抗：＿＿＿＿＿＿，電圧：＿＿＿＿＿＿

(2)　4.0 Ω の抵抗に，1.0 V の電圧を加えると，何 A の電流が流れるか。また，この抵抗に 2.0 A の電流を流すには，何 V の電圧を加えればよいか。

　　　　電流：＿＿＿＿＿＿，電圧：＿＿＿＿＿＿

(3)　3.0 Ω の抵抗に，3.0 A の電流が流れているとき，抵抗に加わっている電圧は何 V か。また，この抵抗に 6.0 V の電圧を加えると，何 A の電流が流れるか。

　　　　電圧：＿＿＿＿＿＿，電流：＿＿＿＿＿＿

(4)　4.5 V の電圧を加えると，0.30 A の電流が流れるニクロム線の抵抗は何Ωか。また，このニクロム線に 1.5 V の電圧を加えると，何 A の電流が流れるか。

　　　　抵抗：＿＿＿＿＿＿，電流：＿＿＿＿＿＿

(5)　4.0 kΩ の抵抗に，3.0 V の電圧を加えると，何 A の電流が流れるか。また，その電流は何 mA か。

　　A：＿＿＿＿＿＿＿＿，mA：＿＿＿＿＿＿＿

(6)　2.0 kV の電圧を加えると，8.0 A の電流が流れる電熱線の抵抗は何Ωか。また，その抵抗は何 kΩ か。

　　Ω：＿＿＿＿＿＿＿＿，kΩ：＿＿＿＿＿＿＿

(7)　4.0 kΩ の抵抗に，2.0 A の電流が流れているとき，抵抗に加わっている電圧は何 V か。また，その電圧は何 kV か。

　　V：＿＿＿＿＿＿＿＿，kV：＿＿＿＿＿＿＿

(8)　6.0 kΩ の抵抗に，1.5 A の電流が流れているとき，抵抗に加わっている電圧は何 V か。また，その電圧は何 kV か。

　　V：＿＿＿＿＿＿＿＿，kV：＿＿＿＿＿＿＿

まとめ

オームの法則とグラフ
グラフは，抵抗に加える電圧 V〔V〕と，流れる電流 I〔A〕の関係である。グラフから，$\dfrac{1}{R}$ を比例定数として，電流は電圧に比例することがわかる(オームの法則)。また，グラフの傾きが大きいほど，抵抗は小さい。

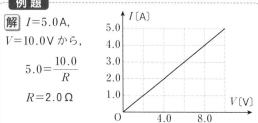

1 **I−Vグラフ** 次の I−V グラフで示される電熱線の抵抗は何Ωか。

例題
解 $I=5.0$ A，$V=10.0$ V から，

$$5.0 = \dfrac{10.0}{R}$$

$R=2.0\,\Omega$

(1)
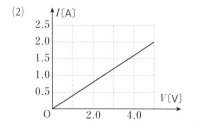

(2)

(3)
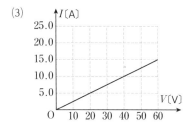

2 **I−Vグラフ** 次の抵抗に加える電圧と流れる電流の関係を示すグラフを描け。

例題
2.0Ωの抵抗
解 オームの法則「$I=\dfrac{V}{R}$」から，2.0V のとき，1.0A である。グラフは，この点と原点を通る直線を描けばよい。

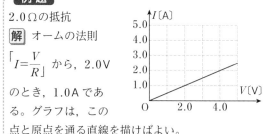

グラフの傾きは，$\dfrac{1}{R}$ に相当する。

(1) 4.0Ωの抵抗
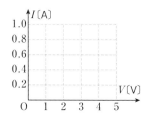

(2) 0.50Ωの抵抗
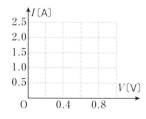

(3) 0.20Ωの抵抗
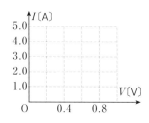

まとめ

抵抗率

物質の抵抗 R [Ω]は，その長さ L [m]に比例し，断面積 S [m²]に反比例する。

$$R = \rho \frac{L}{S}$$

ρ [Ω·m]は**抵抗率**とよばれ，物質の種類や温度によって決まる定数である。

> 計算するときには，mm²やcm²の単位は，m²に単位を換算する必要がある。
> $1\,\text{cm}^2 = 10^{-4}\,\text{m}^2$　　$1\,\text{mm}^2 = 10^{-6}\,\text{m}^2$

3 **抵抗率**　図1のように，長さ L [m]，断面積 S [m²]の導体がある。次の(1)〜(4)に示された導体の抵抗は，図1の導体の抵抗の何倍になるか。ただし，導体の材質は同じものとする。

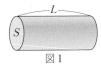

図1

(1)

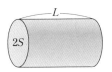

_____

(2)

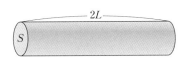

_____

(3)

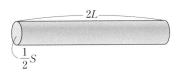

_____

(4)

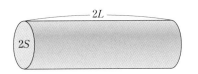

_____

4 **抵抗率**　次の各問に答えよ。

> **例題**
>
> 抵抗率 3.0×10^{-3} Ω·m，長さ 1.0m，断面積 5.0×10^{-7} m² の導体の抵抗は何Ωか。
>
> **解**　$R = \rho \dfrac{L}{S} = 3.0 \times 10^{-3} \times \dfrac{1.0}{5.0 \times 10^{-7}} = 6.0 \times 10^{3}$ Ω

(1)　抵抗率 4.0×10^{-3} Ω·m，長さ 1.0m，断面積 2.0×10^{-7} m² の導体の抵抗は何Ωか。

_____

(2)　抵抗率 2.0×10^{-8} Ω·m，長さ 1.0m，断面積 8.0×10^{-7} m² の導体の抵抗は何Ωか。

_____

(3)　抵抗 0.30 Ω，抵抗率 3.0×10^{-8} Ω·m，断面積 5.0×10^{-7} m² の導体の長さは何mか。

_____

(4)　抵抗 0.30 Ω，長さ 1.5m，断面積 4.0×10^{-7} m² の導体の抵抗率は何Ω·mか。

_____

(5)　抵抗 8.9×10^{-5} Ω，抵抗率 8.9×10^{-8} Ω·m，長さ 10cm の導体の断面積は何m²か。

_____

まとめ

直列接続

$$R = R_1 + R_2 + R_3 + \cdots$$

（合成抵抗〔Ω〕＝各抵抗の和〔Ω〕）
抵抗を直列に接続した
とき，各抵抗に流れる
電流は等しい。また，
各抵抗に加わる電圧の
和は，全体に加わる電
圧に等しい。

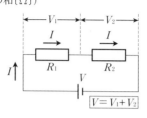

並列接続

$$\frac{1}{R} = \frac{1}{R_1} + \frac{1}{R_2} + \frac{1}{R_3} + \cdots$$

（合成抵抗の逆数＝各抵抗の逆数の和）
各抵抗に加わる電圧は
等しい。また，各抵抗
に流れる電流の和は，
全体に流れる電流に等
しい。

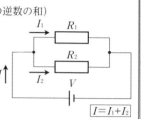

1 直列接続の合成抵抗 次のように抵抗が接続さ
れている。それらの合成抵抗は何Ωか。

例題

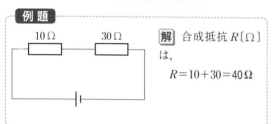

解 合成抵抗 R〔Ω〕
は，
$$R = 10 + 30 = 40\,\Omega$$

(1)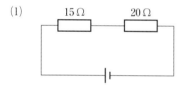

(2)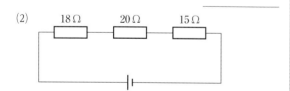

(3)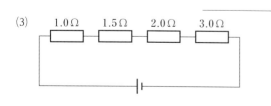

2 直列接続の電流と電圧 図のような電流が流れ
ている。次の各問に答えよ。

例題

$10\,\Omega$，$20\,\Omega$ の抵抗
に加わる電圧 V_1，
V_2 はそれぞれ何 V
か。また，電源の電
圧は何 V か。

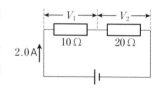

解 オームの法則「$V = RI$」から，
$$V_1 = 10 \times 2.0 = 20\,V \qquad V_2 = 20 \times 2.0 = 40\,V$$
全体に加わる電圧は，各抵抗に加わる電圧の和と
等しいから，電源の電圧 V〔V〕は，
$$V = V_1 + V_2 = 20 + 40 = 60\,V$$

(1) R_1 に流れる電流 I_1 は何 A か。また，R_1，R_2 に
加わる電圧 V_1，V_2 はそれぞれ何 V か。

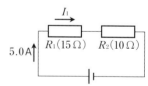

I_1: _____ V_1: _____ V_2: _____

(2) R_2 に加わる電圧 V_2 は何 V か。また，R_1 の抵抗
は何Ωか。

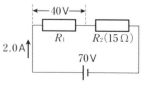

V_2: _____ R_1: _____

3 並列接続の合成抵抗　次のように抵抗が接続されている。それらの合成抵抗は何Ωか。

(1)
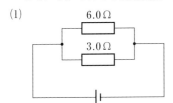

(2)
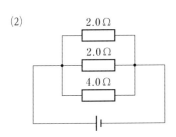

(3)
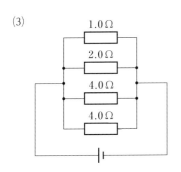

4 並列接続の電流と電圧　図のような電流が流れている。次の各問に答えよ。

例題

回路全体に流れる
電流は何Aか。また，
2つの抵抗に流れる
電流はそれぞれ何
Aか。

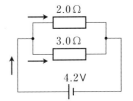

解　2つの抵抗の合成抵抗 R [Ω]は，

$$\frac{1}{R}=\frac{1}{2.0}+\frac{1}{3.0}=\frac{5}{6.0} \qquad R=1.2\,\Omega$$

オームの法則「$I=\dfrac{V}{R}$」から，回路全体に流れる電流 I [A]は，

$$I=\frac{4.2}{1.2}=3.5\,\text{A}$$

各抵抗に加わる電圧は等しいから，各抵抗に流れる電流 I_1 [A]，I_2 [A]は，

$$I_1=\frac{4.2}{2.0}=2.1\,\text{A} \qquad I_2=\frac{4.2}{3.0}=1.4\,\text{A}$$

(1) 電源の電圧 V は何Vか。また，回路全体に流れる電流 I は何Aか。

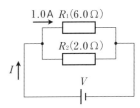

V：　　　　　　　I：

(2) R_1，R_2 の抵抗に加わる電圧 V_1，V_2 はそれぞれ何Vか。また，流れる電流 I_1，I_2 はそれぞれ何Aか。

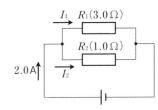

V_1：　　　　　V_2：　　　　　I_1：　　　　　I_2：

1 **直列接続・並列接続を含む回路**　次のように抵抗が接続されている。以下の合成抵抗は何Ωか。

例題

$R_1 \sim R_3$ の合成抵抗

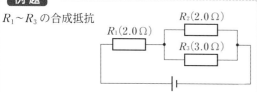

解　最初に，並列に接続されている R_2，R_3 の合成抵抗 R_{23} を求める。R_1 と R_{23} は直列接続とみなすことができるから，直列接続の公式を用いて，$R_1 \sim R_3$ の合成抵抗を求めればよい。
並列接続の公式から，$R_{23}[\Omega]$ は，

$$\frac{1}{R_{23}} = \frac{1}{2.0} + \frac{1}{3.0} = \frac{5}{6.0} \qquad R_{23} = 1.2\,\Omega$$

である。直列接続の公式から，$R_1 \sim R_3$ の合成抵抗 $R[\Omega]$ は，　$R = 2.0 + 1.2 = 3.2\,\Omega$

(1)

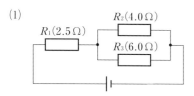

　(a)　R_2 と R_3 の合成抵抗

　(b)　$R_1 \sim R_3$ の合成抵抗

(2)

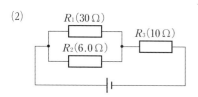

　(a)　R_1 と R_2 の合成抵抗

　(b)　$R_1 \sim R_3$ の合成抵抗

(3)

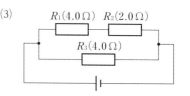

　(a)　R_1 と R_2 の合成抵抗

　(b)　$R_1 \sim R_3$ の合成抵抗

(4)

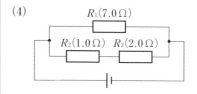

　(a)　R_2 と R_3 の合成抵抗

　(b)　$R_1 \sim R_3$ の合成抵抗

2 **抵抗に流れる電流・電圧** 次のように抵抗が接続されている。以下の電流と電圧はそれぞれいくらか。

例題

電流 I_2[A]と電流 I_3[A]

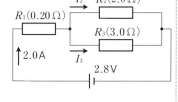

解 オームの法則「$V=RI$」から，R_1に加わる電圧 V_1[V]は，

$$V_1=0.20\times2.0=0.40\,\text{V}$$

であり，R_2，R_3に加わる電圧 V_2[V]，V_3[V]は，

$$V_2=V_3=2.8-0.40=2.4\,\text{V}$$

したがって，R_2，R_3に流れる電流 I_2[A]，I_3[A]は，

$$I_2=\frac{2.4}{2.0}=1.2\,\text{A}\qquad I_3=\frac{2.4}{3.0}=0.80\,\text{A}$$

別解 並列に接続されている抵抗を流れる電流の比は，抵抗値の逆数の比になる。

$$I_2:I_3=\frac{1}{2.0}:\frac{1}{3.0}=3.0:2.0$$

回路全体に流れる電流は2.0Aであるから，

$$I_2=2.0\times\frac{3.0}{5.0}=1.2\,\text{A}\qquad I_3=2.0\times\frac{2.0}{5.0}=0.80\,\text{A}$$

図の回路では，以下のことが成り立つ。
抵抗を流れる電流：$I_1=I_2+I_3$
抵抗に加わる電圧：$V_2=V_3$　　$V=V_1+V_2$

(1) 電圧 V_2[V]と電圧 V_3[V]

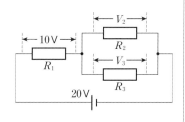

V_2：　　　　　V_3：

(2) 電圧 V_2[V]と電圧 V_3[V]

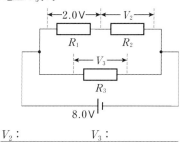

V_2：　　　　　V_3：

(3) 電流 I_1[A]と電流 I_3[A]

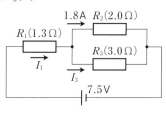

I_1：　　　　　I_3：

(4) 電流 I_3[A]と電流 I[A]

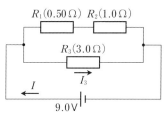

I_3：　　　　　I：

(5) 電圧 V_1[V]と電圧 V_2[V]

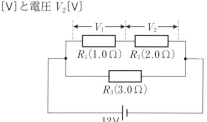

V_1：　　　　　V_2：

1 抵抗に流れる電流　次のように抵抗が接続されている。$R_2 \sim R_4$ の抵抗に流れる電流はそれぞれ何Aか。

例題

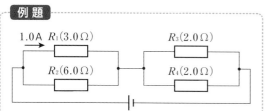

1.0A　$R_1(3.0\,\Omega)$　　$R_3(2.0\,\Omega)$
$R_2(6.0\,\Omega)$　　$R_4(2.0\,\Omega)$

解　オームの法則「$V=RI$」から，R_1 に加わる電圧 V_1[V]は，

$V_1=3.0\times1.0=3.0$V

R_1 と R_2 は並列接続であり，それぞれに加わる電圧は等しいから，R_2 に流れる電流 I_2[A]は，

$I_2=\dfrac{3.0}{6.0}=0.50$A

並列接続の公式から，R_3 と R_4 の合成抵抗 R_{34}[Ω]は，　$\dfrac{1}{R_{34}}=\dfrac{1}{2.0}+\dfrac{1}{2.0}$　$R_{34}=1.0\,\Omega$

回路全体には，1.0+0.50=1.5A の電流が流れており，R_3 と R_4 に加わる電圧 V_3[V]，V_4[V]は，

$V_3=V_4=1.0\times1.5=1.5$V

R_3 と R_4 の抵抗は等しいから，流れる電流 I_3[A]，I_4[A]は，　$I_3=I_4=\dfrac{1.5}{2.0}=0.75$A

(1)

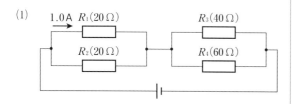

1.0A　$R_1(20\,\Omega)$　　$R_3(40\,\Omega)$
$R_2(20\,\Omega)$　　$R_4(60\,\Omega)$

R_2：＿＿＿＿＿, R_3：＿＿＿＿＿, R_4：＿＿＿＿＿

(2)

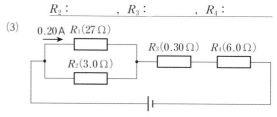

$R_1(1.0\,\Omega)$　$R_2(3.0\,\Omega)$　$R_4(4.0\,\Omega)$
3.0A　$R_3(15\,\Omega)$

R_2：＿＿＿＿＿, R_3：＿＿＿＿＿, R_4：＿＿＿＿＿

(3)

0.20A　$R_1(27\,\Omega)$　　$R_3(0.30\,\Omega)$　$R_1(6.0\,\Omega)$
$R_2(3.0\,\Omega)$

R_2：＿＿＿＿＿, R_3：＿＿＿＿＿, R_4：＿＿＿＿＿

2 **回路の電流と電圧** 次のように抵抗が接続され
ている。R_1〜R_4 の抵抗について，流れる電流 I_1〜
I_4 と加わる電圧 V_1〜V_4 を求めよ。

(1)

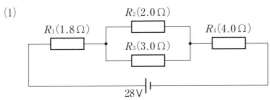

(a) R_1

I_1：＿＿＿＿＿，V_1：＿＿＿＿＿

(b) R_2

I_2：＿＿＿＿＿，V_2：＿＿＿＿＿

(c) R_3

I_3：＿＿＿＿＿，V_3：＿＿＿＿＿

(d) R_4

I_4：＿＿＿＿＿，V_4：＿＿＿＿＿

(2)

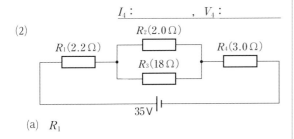

(a) R_1

I_1：＿＿＿＿＿，V_1：＿＿＿＿＿

(b) R_2

I_2：＿＿＿＿＿，V_2：＿＿＿＿＿

(c) R_3

I_3：＿＿＿＿＿，V_3：＿＿＿＿＿

(d) R_4

I_4：＿＿＿＿＿，V_4：＿＿＿＿＿

(3)

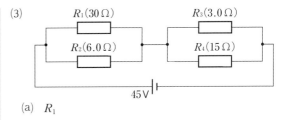

(a) R_1

I_1：＿＿＿＿＿，V_1：＿＿＿＿＿

(b) R_2

I_2：＿＿＿＿＿，V_2：＿＿＿＿＿

(c) R_3

I_3：＿＿＿＿＿，V_3：＿＿＿＿＿

(d) R_4

I_4：＿＿＿＿＿，V_4：＿＿＿＿＿

(4)

$R_1(3.0\,\Omega)$　　　　$R_3(2.0\,\Omega)$

$R_2(2.0\,\Omega)$　　　　$R_4(6.0\,\Omega)$

27 V

(a) R_1

I_1：＿＿＿＿＿，V_1：＿＿＿＿＿

(b) R_2

I_2：＿＿＿＿＿，V_2：＿＿＿＿＿

(c) R_3

I_3：＿＿＿＿＿，V_3：＿＿＿＿＿

(d) R_4

I_4：＿＿＿＿＿，V_4：＿＿＿＿＿

まとめ

ジュールの法則

抵抗 R[Ω]の導体に，電圧 V[V]を加えて，電流 I[A]を時間 t[s]流したとき，導体から熱量 Q[J]の熱が発生する。

$$Q = VIt = RI^2t = \frac{V^2}{R}t$$

このときに発生する熱を，**ジュール熱**とよぶ。

電力量

電流がする仕事 W[J]を**電力量**という。

$$W = VIt = RI^2t = \frac{V^2}{R}t$$

電力

電流が単位時間にする仕事(仕事率)P[W]を**電力**という。

$$P = VI = RI^2 = \frac{V^2}{R}$$

電力量の単位

電力量の単位には，ジュール以外にも，以下のような単位が用いられる。

$1J = 1W \cdot s$　　$1Wh = 1J/s \times (60 \times 60)s = 3.6 \times 10^3 J$

$1kWh = 1000 \times 1Wh = 3.6 \times 10^6 J$

---

1 ジュール熱　次の場合に，発生するジュール熱は何 J か。

例題

ある抵抗に2.0Vの電圧を加えて，3.0Aの電流を1.0s間流す。

解 ジュールの法則「$Q = VIt$」から，
$Q = 2.0 \times 3.0 \times 1.0 = 6.0J$

(1) ある抵抗に1.5Vの電圧を加えて，2.0Aの電流を2.0s間流す。

_____

(2) 1.2Ωの抵抗に電圧を加えて，2.0Aの電流を 1.0×10^2s間流す。

_____

(3) 4.0Ωの抵抗に8.0Vの電圧を加えて，電流を0.50s間流す。

_____

(4) 3.0Ωの抵抗に6.0Vの電圧を加えて，電流を10分間流す。

_____

2 電力　次の場合に，消費される電力は何 W か。

(1) ある抵抗に3.0Vの電圧を加えて，0.60Aの電流を流す。

_____

(2) ある抵抗に2.0Vの電圧を加えて，1.5Aの電流を流す。

_____

(3) 2.0Ωの抵抗に，5.0Aの電流を流す。

_____

(4) 1.5Ωの抵抗に，3.0Vの電圧を加える。

_____

(5) 3.0Ωの抵抗に，6.0Vの電圧を加える。

_____

❸ 電力量と電力 次の各問に答えよ。

> **例題**
> 電熱器に10Vの電圧を加えると，5.0Aの電流が流れた。電流を20s間流したとき，電力量は何Jか。
>
> **解** 「$W=VIt$」から，
> $$W=10\times5.0\times20=1.0\times10^3 \text{J}$$

(1) ある抵抗に3.0Vの電圧を加えると，5.0Aの電流が流れた。電流を0.50s間流したとき，消費される電力量は何Jか。

_____

(2) 3.0Ωの抵抗に3.0Vの電圧を加えると，電流が流れた。電流を2.0s間流したとき，消費される電力量は何Jか。

_____

(3) 100V用500Wのニクロム線に，100Vの電圧を4.0s間加えたとき，消費される電力量は何Jか。

_____

(4) 電熱器を1.0分間使用したところ，3.6×10^3Jの電力量が消費された。消費電力は何Wか。

_____

❹ 電力量の単位 次の各問に答えよ。

> **例題**
> 電熱器に100Vの電圧を加えると，3.0Aの電流が流れた。電熱器で30s間に消費される電力量は何Whか。
>
> **解** 「$W=VIt$」から，
> $$W=100\times3.0\times30=9.0\times10^3 \text{J}$$
> $1\text{Wh}=3.6\times10^3\text{J}$であるから，
> $$W=\frac{9.0\times10^3}{3.6\times10^3}=2.5\text{Wh}$$

(1) 100V用500Wの電熱器を，100Vで2.0時間使用したとき，消費される電力量は何Jか。また，何kWhか。

J：_____ ，kWh：_____

(2) ある抵抗に100Vの電圧を加えると，20Aの電流が流れた。抵抗で15分間に消費される電力量は何Jか。また，何Whか。

J：_____ ，Wh：_____

(3) 40Ωの抵抗に2.0Aの電流を90s間流した。このとき消費される電力量は何Jか。また，何Whか。

J：_____ ，Wh：_____

まとめ

直線電流がつくる磁場

十分に長い直線状の導線に電流を流すと，磁場は電流を中心とする同心円状にできる。
磁場の向きは，電流の向きに右ねじの進む向きをあわせるとき，右ねじのまわる向きである（**右ねじの法則**）。

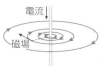

円形電流・ソレノイドを流れる電流がつくる磁場

円形の導線やソレノイドに電流を流すと，右ねじの法則から，図のように磁場が生じる。

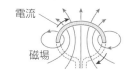 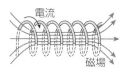

---

1 電流がつくる磁場 次の各問に答えよ。

例題

図のように，十分に長い直線状の導線のまわりにA～Dの方位磁針を置いた。図の向きに電流を流したとき，それぞれの磁針のN極はどの向きに振れるか。

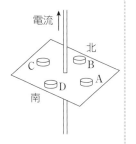

解 右ねじの法則から，
A：北，B：西，C：南，D：東の向きに振れる。

(1) 十分に長い直線状の導線の下に方位磁針を置いた。北向きに電流を流したとき，磁針のN極はどの向きに振れるか。

_____

(2) 十分に長い直線状の導線の下に方位磁針を置いた。南向きに電流を流したとき，磁針のN極はどの向きに振れるか。

_____

(3) 円形コイルに，反時計まわりの向きに電流を流した。円の中心にできる磁場の向きは上向き，下向きのどちらか。

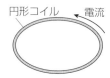

_____

(4) ソレノイドに電流を流したところ，内部には矢印の向きに磁場が生じた。電流が流れる向きは(a), (b)のどちらか。

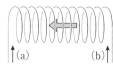

_____

(5) ソレノイドに，矢印の向きに電流を流した。ソレノイド内部に生じる磁場の向きは右向き，左向きのどちらか。

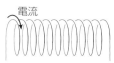

_____

電流が磁場から受ける力

磁場に垂直な導線に電流を流すと，導線は電流と磁場の両方に垂直な方向に力を受ける。

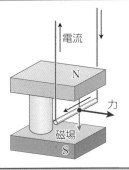

発展 フレミングの左手の法則

電流，磁場，力のそれぞれの向きは，図のように左手の指を開くと，中指が電流の向き，人さし指が磁場の向き，親指が力の向きとして示される。

---

2 電流が磁場から受ける力 次の各問に答えよ。

例題

磁場中の導線に電流を流したところ，導線は矢印の向きに力を受けた。電流の向きは(a)，(b)のどちらか。

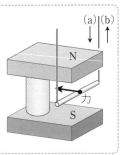

解 フレミングの左手の法則から，(b)

(1) 磁場中の導線に電流を流したところ，導線は矢印の向きに力を受けた。電流の向きは(a)，(b)のどちらか。

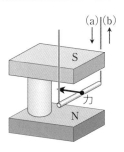

(2) 磁場中の導線に，図の向きに電流を流した。導線は(a)，(b)のうち，どちらの向きに力を受けるか。

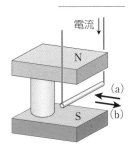

---

3 直流モーター 直流モーターについて，次の各問に答えよ。

(1) 図の状態のとき，次の各辺が受ける力の向きは上向き，下向きのどちらか。

(a) 辺 ab

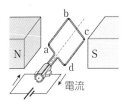

(b) 辺 cd

(2) (1)の状態から半回転して，図のようになった。辺 cd が受ける力は上向き，下向きのどちらか。

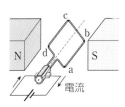

まとめ

電磁誘導

コイルを貫く磁力線の数が変化すると，コイルに電圧(**誘導起電力**)が生じて電流(**誘導電流**)が流れる現象。

発展 誘導電流は，コイルを貫く磁力線の数の変化を妨げる向きに流れる(**レンツの法則**)。

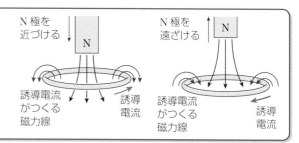

N極を近づける　誘導電流がつくる磁力線　誘導電流

N極を遠ざける　誘導電流がつくる磁力線　誘導電流

1 電磁誘導 次のように磁石とコイルを操作した場合，コイルに流れる誘導電流の向きはどちら向きか。(ア)，(イ)の記号で答えよ。

例題

N極をコイルに近づける。

解 N極を近づけると，コイルを右向きに貫く磁力線の数が増加する。
この増加を妨げる左向きの磁力線が生じるように，コイルに誘導電流が流れるから，誘導電流の向きは(ア)である。

(1) N極をコイルから遠ざける。

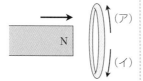

(2) S極にコイルを近づける。

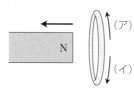

(3) S極からコイルを遠ざける。

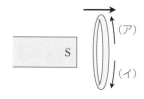

(4) 磁石の間でコイルを押しつぶす。

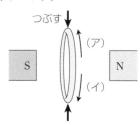

つぶす

(5) コイルAとコイルBを向き合わせ，スイッチSを閉じる。

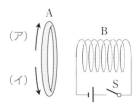

直流と交流

直流…一定の電圧で，一定の向きの電流が流れる。

交流…一定の周期で変化する電圧で，大きさと向きが周期的に変化する電流が流れる。

実効値

実効値を用いると，直流の場合と同じように消費電力 P[W]を表すことができる。交流電圧，交流電流の実効値をそれぞれ V_e[V]，I_e[A]とすると，

$$P = V_e I_e$$

また，周波数 f[Hz]と周期 T[s]の関係は，

$$f = \frac{1}{T}$$

変圧器

交流電圧は，変圧器(トランス)によって，容易に変えることができる。一次コイルと二次コイルの巻数をそれぞれ N_1，N_2 とし，交流電圧の実効値を V_{1e}[V]，V_{2e}[V]とおくと，次の関係が成り立つ。

$$\frac{V_{1e}}{V_{2e}} = \frac{N_1}{N_2} \quad (V_{1e} : V_{2e} = N_1 : N_2)$$

また，エネルギーの損失を伴わない理想的な変圧器では，次の関係が成り立つ。

$$V_{1e} I_{1e} = V_{2e} I_{2e}$$

---

2 交流 次の各問に答えよ。

(1) 次の $V-t$ グラフで表される交流電圧の周期と周波数はそれぞれいくらか。

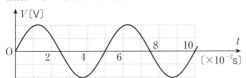

周期：＿＿＿＿＿＿＿ , 周波数：＿＿＿＿＿＿＿

(2) 次の $V-t$ グラフで表される交流電圧の周期と周波数はそれぞれいくらか。

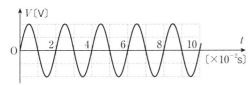

周期：＿＿＿＿＿＿＿ , 周波数：＿＿＿＿＿＿＿

(3) 電圧の実効値が 100 V，電流の実効値が 5.0 A のとき，消費電力は何 W か。また，3.0 s 間で消費される電力量は何 J か。

消費電力：＿＿＿＿＿＿＿ , 電力量：＿＿＿＿＿＿＿

3 変圧器 次の各問に答えよ。

(1) 一次コイルの巻数が 50 回，二次コイルの巻数が 100 回の変圧器がある。一次コイルに 2.0×10^3 V の電圧を加えたとき，二次コイルに発生する電圧は何 V か。

(2) 変圧器を用いて，100 V の電圧を 400 V に変えたい。一次コイルの巻数が 200 回のとき，二次コイルの巻数は何回にすればよいか。

(3) 一次コイルに 240 V の電圧を加えたところ，10 A の電流が流れた。二次コイルに加わる電圧が 120 V のとき，流れる電流は何 A か。ただし，変圧器によるエネルギーの損失はないものとする。

電磁波

　磁気的な変化が電気的な変化を生み，電気的な変化も磁気的な変化を生み出し，周期的な変化(振動)が電磁波として空間を伝わる。

電磁波の速さを c[m/s]とすると，周波数 f[Hz]と波長 λ[m]の間には次の関係が成り立つ。

$$c=f\lambda$$

真空中における電磁波の速さは，光の速さと同じであり，その値は 3.0×10^8 m/s である。

1 電磁波の種類　次の表中の①～④に当てはまる電磁波の名称を答えよ。

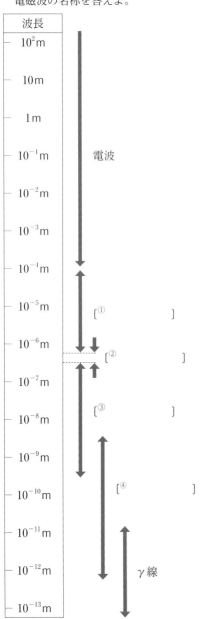

波長
10^2 m
10 m
1 m
10^{-1} m
10^{-2} m
10^{-3} m
10^{-4} m
10^{-5} m
10^{-6} m
10^{-7} m
10^{-8} m
10^{-9} m
10^{-10} m
10^{-11} m
10^{-12} m
10^{-13} m

電波

[① 　　　　　]
[② 　　　　　]
[③ 　　　　　]
[④ 　　　　　]

γ線

2 電磁波の波長と周波数　電磁波が伝わる速さを 3.0×10^8 m/s として，次の各問に答えよ。

例題

周波数 1.5×10^{10} Hz の電磁波の波長は何 m か。

解「$c=f\lambda$」から，

$3.0\times10^8=(1.5\times10^{10})\times\lambda$　$\lambda=2.0\times10^{-2}$ m

(1)　周波数 6.0×10^6 Hz のラジオの電波の波長は何 m か。

(2)　電波時計が受信する波長 7.5×10^3 m の電波の周波数は何 Hz か。

(3)　暖房器具に使用される波長 6.0×10^{-6} m の電磁波の周波数は何 Hz か。

重要事項一覧

1・2・3 波の表し方
● 波の要素

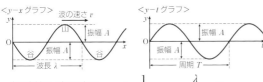

・振動数と波の速さ $f=\dfrac{1}{T}$ $v=\dfrac{\lambda}{T}=f\lambda$

4 横波と縦波
● 横波の特徴
媒質の振動の速度
は図のようになる。

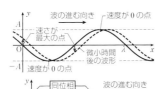

● 位相 ある位置の
媒質が，どのよう
な振動状態にある
のかを表す量。

● 縦波 媒質の
振動方向が，
波の進行方向
に平行な波。

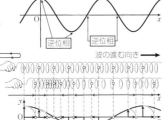

5 波の重ねあわせと定常波
● 重ねあわせの原理 2つの波が重なりあっていると
きの媒質の変位 y は，
2つの波の変位の和と
なる。 $y=y_A+y_B$
● 定常波 隣りあう節と節（腹と
腹）の間の距離は，進行波の波
長 λ の半分である。

6 波の反射
● 波の反射 波は，媒質の端や，異なる媒質との境界
で反射する。

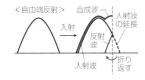 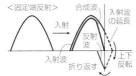

7 うなり・弦の振動
● うなり 振動数が少しだけ異なる2つの音波が重な
りあうと，うなりが生じる。 $f=|f_1-f_2|$
● 弦の固有振動 $f_m=\dfrac{v}{\lambda_m}=\dfrac{m}{2L}v$ $\lambda_m=\dfrac{2L}{m}$
$(m=1,\ 2,\ 3,\ \cdots)$

8 気柱の共鳴
● 閉管 $f_m=\dfrac{V}{\lambda_m}=\dfrac{2m-1}{4L}V$ $\lambda_m=\dfrac{4L}{2m-1}$
$(m=1,\ 2,\ 3,\ \cdots)$
● 開管 $f_m=\dfrac{V}{\lambda_m}=\dfrac{m}{2L}V$ $\lambda_m=\dfrac{2L}{m}$
$(m=1,\ 2,\ 3,\ \cdots)$

9・10 電流と電気抵抗
● 電流と電荷 電流の大きさは，導線の断面を単位時
間に通過する電気量の大きさである。 $I=\dfrac{q}{t}$
● オームの法則 電流は電圧に比例し，抵抗に反比例
する。 $I=\dfrac{V}{R}$ $V=RI$
● 抵抗率 抵抗は長さに比例し，断面積に反比例する。
$R=\rho\dfrac{L}{S}$

11 直列接続と並列接続
● 直列接続における合成抵抗 $R=R_1+R_2$
● 並列接続における合成抵抗 $\dfrac{1}{R}=\dfrac{1}{R_1}+\dfrac{1}{R_2}$

14 ジュール熱と電力・電力量
● ジュール熱 抵抗に電圧を加え，電流を流したとき，
抵抗に発生する熱。 $Q=VIt=RI^2t=\dfrac{V^2}{R}t$
● 電力量 電流がする仕事。 $W=VIt=RI^2t=\dfrac{V^2}{R}t$
● 電力 電流が単位時間にする仕事（仕事率）。
$P=VI=RI^2=\dfrac{V^2}{R}$

15 電流と磁場
● 右ねじの法則 電流がつくる磁場の向きは，電流の
向きに右ねじの進む向きをあわせるとき，右ねじの
まわる向きである。

16 電磁誘導と交流
● 電磁誘導 コイルを貫く磁力線の数が変化するとき，
コイルの両端に電圧が生じ，電流が流れる。
● 交流 実効値を用いると，消費電力を直流と同じよ
うに計算できる。 $P=V_eI_e$

17 電磁波
● 電磁波 電磁波の速さと周波数，波長の間には次の
関係が成り立つ。 $c=f\lambda$

approach **3**

ISBN978-4-8040-4712-6

C7042 ¥300E

9784804047126

1927042003006

検印欄

/	/	/	/	/	/	/
1	2	3	4	5	6	7
/	/	/	/	/	/	/
8	9	10	11	12	13	14
/	/	/				
15	16	17				

新課程版　アプローチドリル**物理基礎❸**

2022 年 1 月 10 日　初版　第 1 刷発行
2025 年 1 月 10 日　初版　第 3 刷発行

編　者　第一学習社編集部
発行者　松本　洋介
発行所　株式会社　第一学習社
　　　本　社／〒733-8521　広島市西区横川新町 7 番 14 号　082-234-6800(代)
　　　札　幌／011-811-1848　仙　台／022-271-5313　新　潟／025-290-6077
　　　つくば／029-853-1080　東　京／03-5834-2530　横　浜／045-953-6191
　　　名古屋／052-769-1339　大　阪／06-6380-1391　神　戸／078-937-0255
　　　広　島／082-222-8565　福　岡／092-771-1651

訂正情報配信サイト 47123-03
利用に際しては，一般に，通信料が発生します。

https://dg-w.jp/f/3884a

年	組	番
名前		

47123-03
税込価格 330 円（300 円＋税）

ユニバーサルデザインに配慮したフォントを使用しています。